中华医学会灾难医学分会科普教育图书

图说灾难逃生自救丛书

火灾

丛书主编　刘中民
分册主编　刘晓华
分册副主编　刘锦周

绘图
11m数字出版

人民卫生出版社

图书在版编目（CIP）数据

火灾 / 刘晓华主编 .—北京：人民卫生出版社，2014
（图说灾难逃生自救丛书）
ISBN 978-7-117-18227-0

Ⅰ. ①火… Ⅱ. ①刘… Ⅲ. ①火灾－自救互救－图解
Ⅳ. ①X928.7-64

中国版本图书馆 CIP 数据核字（2013）第 245410 号

人卫社官网	**www.pmph.com**	**出版物查询，在线购书**
人卫医学网	**www.ipmph.com**	**医学考试辅导，医学数据库服务，医学教育资源，大众健康资讯**

图说灾难逃生自救丛书
火　灾

主　　编：刘晓华
出版发行：人民卫生出版社（中继线 010-59780011）
地　　址：北京市朝阳区潘家园南里 19 号
邮　　编：100021
E - mail：pmph @ pmph.com
购书热线：010-59787592　010-59787584　010-65264830
印　　刷：三河市宏达印刷有限公司（胜利）
经　　销：新华书店
开　　本：710 × 1000　1/16　　**印张**：7
字　　数：133 千字
版　　次：2014 年 4 月第 1 版　2019 年 2 月第 1 版第 3 次印刷
标准书号：ISBN 978-7-117-18227-0/R · 18228
定　　价：35.00 元
打击盗版举报电话：010-59787491　E-mail：WQ @ pmph.com
（凡属印装质量问题请与本社市场营销中心联系退换）

丛书编委会

（按姓氏笔画排序）

隐患险于明火，防范胜于救灾。

消防常识不忘，遇到火情不慌。

序 一

我国地域辽阔，人口众多。地震、洪灾、干旱、台风及泥石流等自然灾难经常发生。随着社会与经济的发展，灾难谱也有所扩大。除了上述自然灾难外，日常生产、生活中的交通事故、火灾、矿难及群体中毒等人为灾难也常有发生。中国已成为继日本和美国之后，世界上第三个自然灾难损失严重的国家。各种重大灾难，都会造成大量人员伤亡和巨大经济损失。可见，灾难离我们并不遥远，甚至可以说，很多灾难就在我们每个人的身边。因此，人人都应全力以赴，为防灾、减灾、救灾作出自己的贡献成为社会发展的必然。

灾难医学救援强调和重视"三分提高、七分普及"的原则。当灾难发生时，尤其是在大范围受灾的情况下，往往没有即刻的、足够的救援人员和装备可以依靠，加之专业救援队伍的到来时间会受交通、地域、天气等诸多因素的影响，难以在救援的早期实施有效救助。即使专业救援队伍到达非常迅速，也不如身处现场的人民群众积极科学地自救互救来得及时。

为此，中华医学会灾难医学分会一批有志于投身救援知识普及工作的专家，受人民卫生出版社之邀，编写这套《图说灾难逃生自救丛书》，本丛书以言简意赅、通俗易懂、老少咸宜的风格，介绍我国常见灾难的医学救援基本技术和方法，以馈全国读者。希望这套丛书能对我国的防灾、减灾、救灾工作起到促进和推动作用。

刘中民 教授

同济大学附属上海东方医院院长

中华医学会灾难医学分会主任委员

2013年4月22日

序　二

我国现代灾难医学救援提倡“三七分”的理论：三分救援，七分自救；三分急救，七分预防；三分业务，七分管理；三分战时，七分平时；三分提高，七分普及；三分研究，七分教育。灾难救援强调和重视“三分提高、七分普及”的原则，即要以三分的力量关注灾难医学专业学术水平的提高，以七分的努力向广大群众宣传普及灾难救生知识。以七分普及为基础，让广大民众参与灾难救援，这是灾难医学事业发展之必然。也就是说，灾难现场的人民群众迅速、充分地组织调动起来，在第一时间展开救助，充分发挥其在时间、地点、人力及熟悉周围环境的优越性，在最短时间内因人而异、因地制宜地最大程度保护自己、解救他人，方能有效弥补专业救援队的不足，最大程度减少灾难造成的伤亡和损失。

为做好灾难医学救援的科学普及教育工作，中华医学会灾难医学分会的一批中青年专家，结合自己的专业实践经验编写了这套丛书，我有幸先睹为快。丛书目前共有 15 个分册，分别对我国常见灾难的医学救援方法和技巧做了简要介绍，是一套图文并茂、通俗易懂的灾难自救互救科普丛书，特向全国读者推荐。

王一镗

南京医科大学终身教授

中华医学会灾难医学分会名誉主任委员

2013 年 4 月 22 日

前言

火，给人类带来了灿烂的文明，同样也带来了无尽的灾难。火灾既是天灾，也是人祸。

在人类文明发展的历史长河中，因火灾引发的灾害不知使多少财产化为灰烬，不知使多少人流离失所，不知使多少家庭支离破碎。

在各类自然灾害中，火灾是一种不受时间、空间限制，发生频率最高的灾害。随着经济和社会的快速发展，公共密集场所、高层建筑、地下建筑、大型化工以及新型能源企业等大量涌现，新材料、新工艺层出不穷，电器、燃油、燃气广泛使用，一旦发生火灾，就会造成人员群死群伤的惨剧发生和巨大财产损失。

掌握火灾的预防、逃生、避险方法，可以最大程度地减少人员的伤亡和财产的损失。为了不让火灾悲剧在我们身边发生，我们必须掌握消防科普知识，从自己做起，从家庭做起，防患于未然。

我们精心制作了《图说灾难逃生自救丛书：火灾》分册，希望通过我们的努力，让更多的人掌握逃生避险、自救互救的知识和方法。

衷心祝福广大读者平安、健康、幸福！

刘晓华

江苏省公安消防总队医院

2013 年 12 月 29 日

目 录

认识火灾 ········ 1

火灾现场（Ⅰ）········ 15

火灾现场（Ⅱ）········ 33

火灾自救 ········ 57

医疗救助 ········ 77

逃生误区与消防常识 ········ 83

根据火灾造成的财产损失大小、人员伤亡情况，将火灾分为四类，即特别重大火灾、重大火灾、较大火灾及一般火灾。其标准为：

特别重大火灾	指造成30人或30人以上死亡，或者100人以上重伤，或者1亿元以上直接财产损失的火灾
重大火灾	指造成10人以上30人以下死亡，或者50人以上100人以下重伤，或者5000万元以上1亿元以下直接财产损失的火灾
较大火灾	指造成3人以上10人以下死亡，或者10人以上50人以下重伤，或者1000万元以上5000万元以下直接财产损失的火灾
一般火灾	指造成3人以下死亡，或者10人以下重伤，或者1000万元以下直接财产损失的火灾

认识火灾

据统计，我国火灾死亡人数与经济损失数额持续上升，每年因火灾造成的经济损失达10亿~15亿元。2011年，全国共接报火灾125 402起，死亡1106人，受伤572人，直接财产损失18.8亿元。其中，节日期间因燃放烟花引发的火灾增多，施工工地、出租屋、“三合一”式小作坊和小商店等场所发生火灾较多，用电用火引发的火灾仍占较大比重。

火灾发生的时间呈一定规律性。据统计显示，凌晨2~4时，正当人们熟睡之际，多是“火魔”乘虚而入的时候；从月份看，当年的12月份与次年的1、2月份年关佳节之际，是火灾的多发期。

火灾是威胁公共安全、危害人民生命财产的一种多发性灾害。据估计，全世界每天发生约 10 000 起火灾，因火灾死亡 2000 多人，伤残 3000～4000 人。近些年，我国造成群死群伤的特大火灾不断发生，给国家和人民的生命财产带来巨大损失。前车之鉴，后事之师，总结火灾教训，其中最根本的一点是要提高人们火场疏散与逃生的能力。

无论怎样重视火灾的预防，火灾还是会因为一些无法预测和防范的因素而不可能被完全杜绝。

面对突然而至的火魔，在熊熊烈焰和滚滚浓烟的包围中，不少人葬身火海，但也有人死里逃生，幸免于难。

“只有绝望的人，没有绝望的处境。”因此，我们必须高度重视，提高火场自防自救的能力。在火场中，只要冷静机智地运用火场自救与逃生知识，就能拯救自己和帮助他人，获得逃生的机会。

火灾是指在时间和空间上完全失去控制的燃烧所造成的灾害。燃烧是可燃物与助燃剂发生的一种放热反应，伴随光、烟和火焰。燃烧的三要素：可燃物、助燃物、着火源。

灭火的主要方法包括隔离灭火法、窒息灭火法、冷却灭火法和化学抑制灭火法。

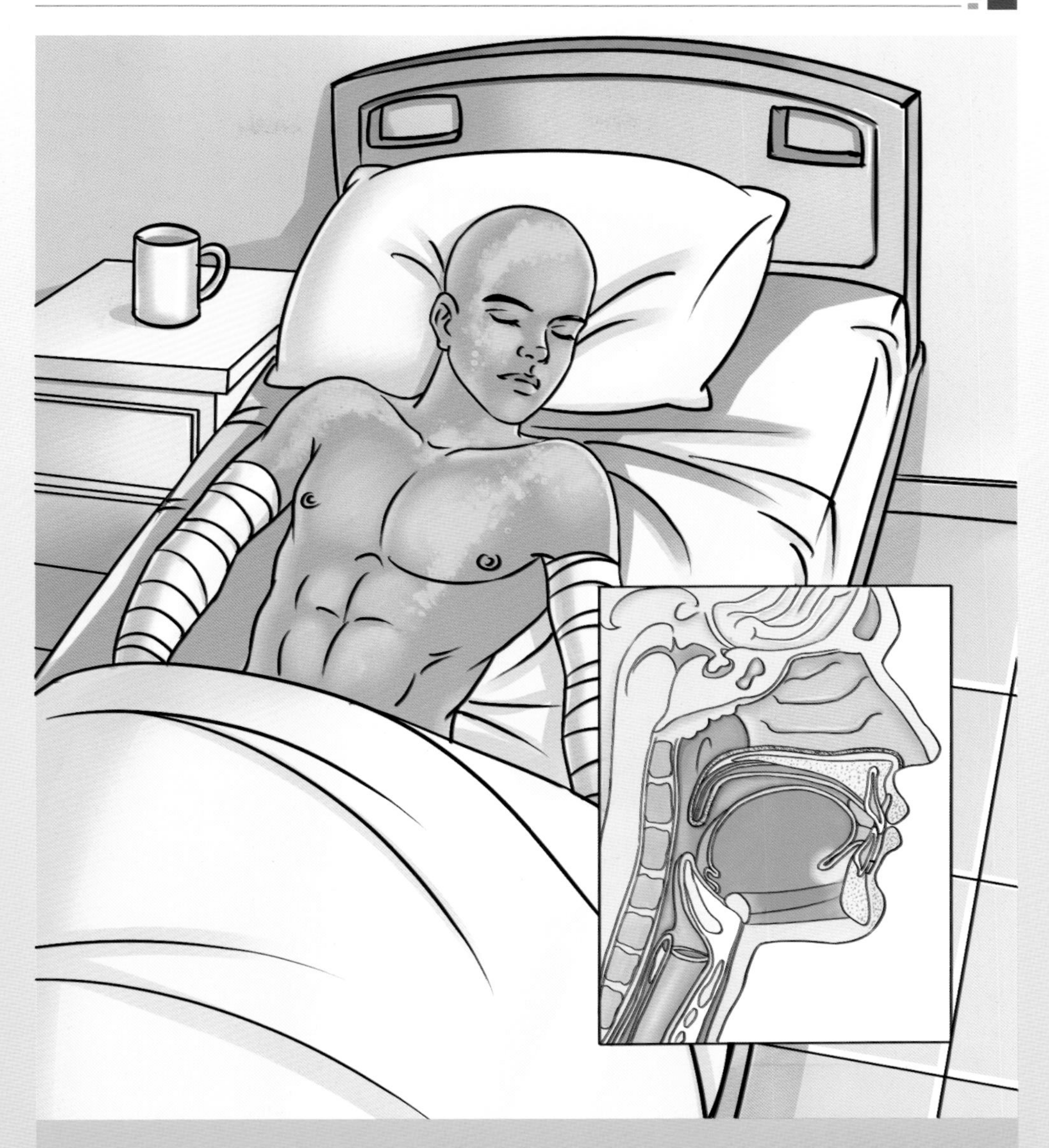

火灾的直接伤害包括：

（1）**火焰烧伤**：火焰表面温度 >800℃，而人体所能承受的温度极限为65℃，超过这个温度值就会被烧伤，深度烧伤会危及生命。

（2）**热烟灼伤**：火灾产生的烟雾里有携带高温热值的微粒，通过热对流，将热量传播给途经的物体，引燃其他物质，伤害人体。人吸入高温烟气后，会灼伤呼吸道，导致组织肿胀，引起气道阻塞，进而窒息死亡。

火灾能引起高温、热辐射、浓烟、爆炸和毒气等多种次生灾害，对人体和建筑物造成严重的损伤。常见的次生伤害有：

（1）浓烟窒息：火灾时，燃烧会生成大量烟气。烟气温度与火源距离有关，离火源越近，温度越高，烟气浓度越大。人体吸入高浓度烟气后，大量烟尘微粒阻塞呼吸道，损伤肺脏组织，可造成严重缺氧而窒息死亡。

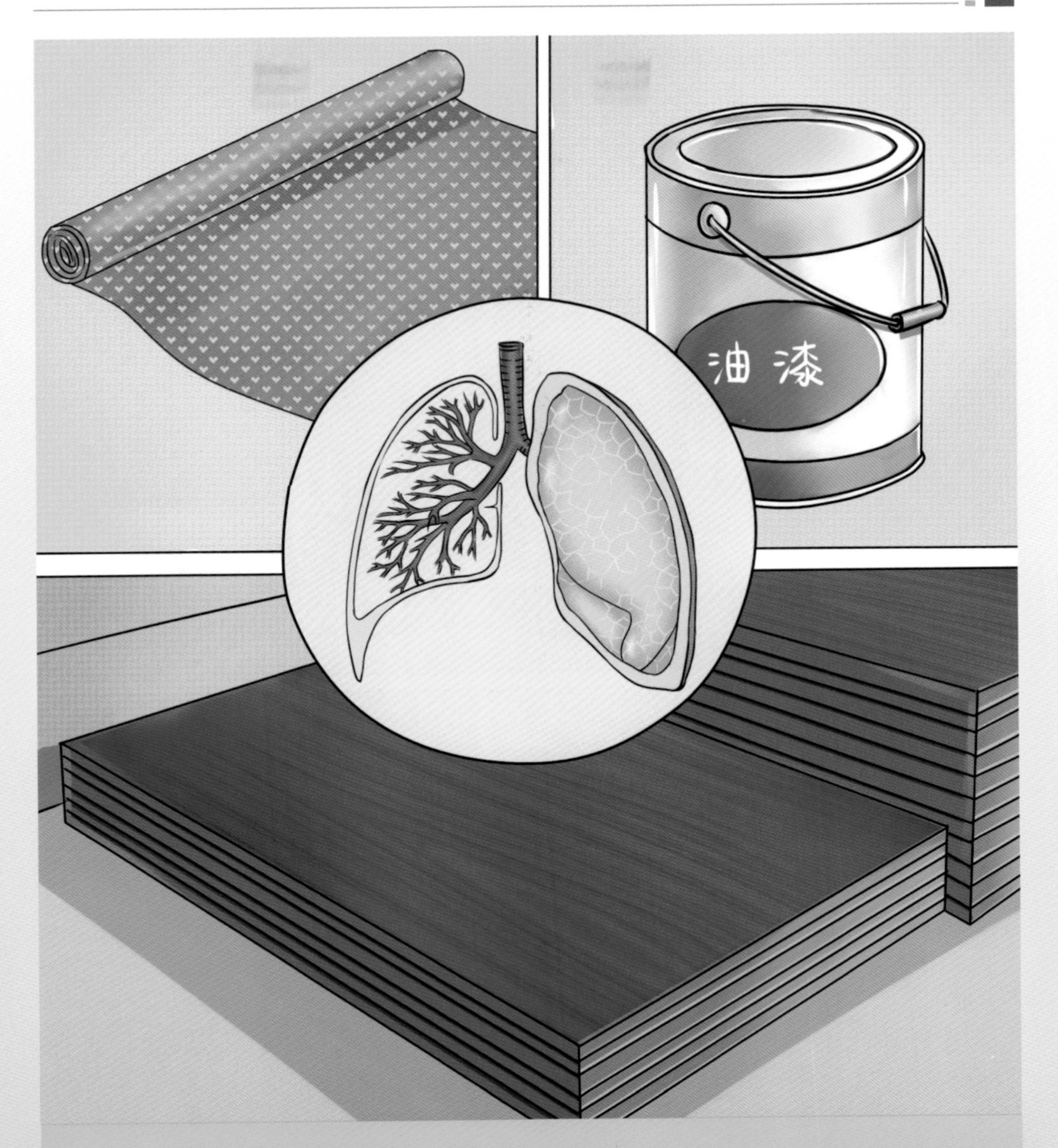

（2）**中毒**：现代建筑多采用合成材料，燃烧时会产生有毒气体，例如一氧化碳（CO）、二氧化硫（SO_2）及硫化氢（H_2S）等。一些高分子化合物材料在高温燃烧时热解出有剧毒的悬浮微粒、烟气，如氰化氢（HCN）、二氧化氮（NO_2）等，这些有毒物质扩散极快，能让人迅速昏迷，强烈刺激呼吸中枢和肺部，引起中毒性死亡。资料统计表明，火灾死亡人群中，80% 是吸入有毒性气体致死的。

（3）砸伤、埋压： 火灾会产生上千度的高温，一旦超过建筑结构材料的耐火极限，建筑物就会发生坍塌，造成人员被砸伤、摔伤、埋压，这种类型的伤害主要表现为体外伤或内脏创伤引起的失血性休克。

（4）刺伤、割伤： 火灾造成的建筑物坍塌、玻璃爆炸等，会形成大量的利刃物，刺伤人员的皮肤、肌肉，甚至直接割破内脏和血管，导致脏器损害或失血过多而死亡。

火灾现场往往混乱不堪，主要特点：

◉ 火灾、烟气蔓延迅速

火灾发生后，在热传导、热对流和热辐射作用下，极易蔓延扩大。扩大的火势又会生成大量的高温热烟，在风火压的推动下，高温热烟气以 0.3～6 米/秒的速度向四周扩散，给人的逃生和灭火救助带来极大困难。

◎ 空气污染、通气不畅、视线不佳

火灾时通常需要断电或因火灾直接引发断电。断电后，建筑物内光线微弱，外加烟气阻隔，近乎黑暗状态。即使发生在白天的室外火灾，烟雾、水气的综合作用也会极大影响人的视线，不利于救援人员勘查情况和灭火救人。

污染的空气中夹杂有毒物质，可对一定范围内的人员造成伤害。

◎ 人、物集聚，杂乱拥挤

火灾突发性强，救灾形势紧迫，现场往往是人、车、物集聚的场所，烈焰、烟雾、油污和水渍等导致环境恶劣，经常会发生人员、车辆、交通和指挥方面的混乱，例如车辆拥挤，马达轰鸣，交通堵塞，各级通信指挥的口令、呼喊声混为一片，给施救工作造成人为阻碍，降低了灭火救助的效率。

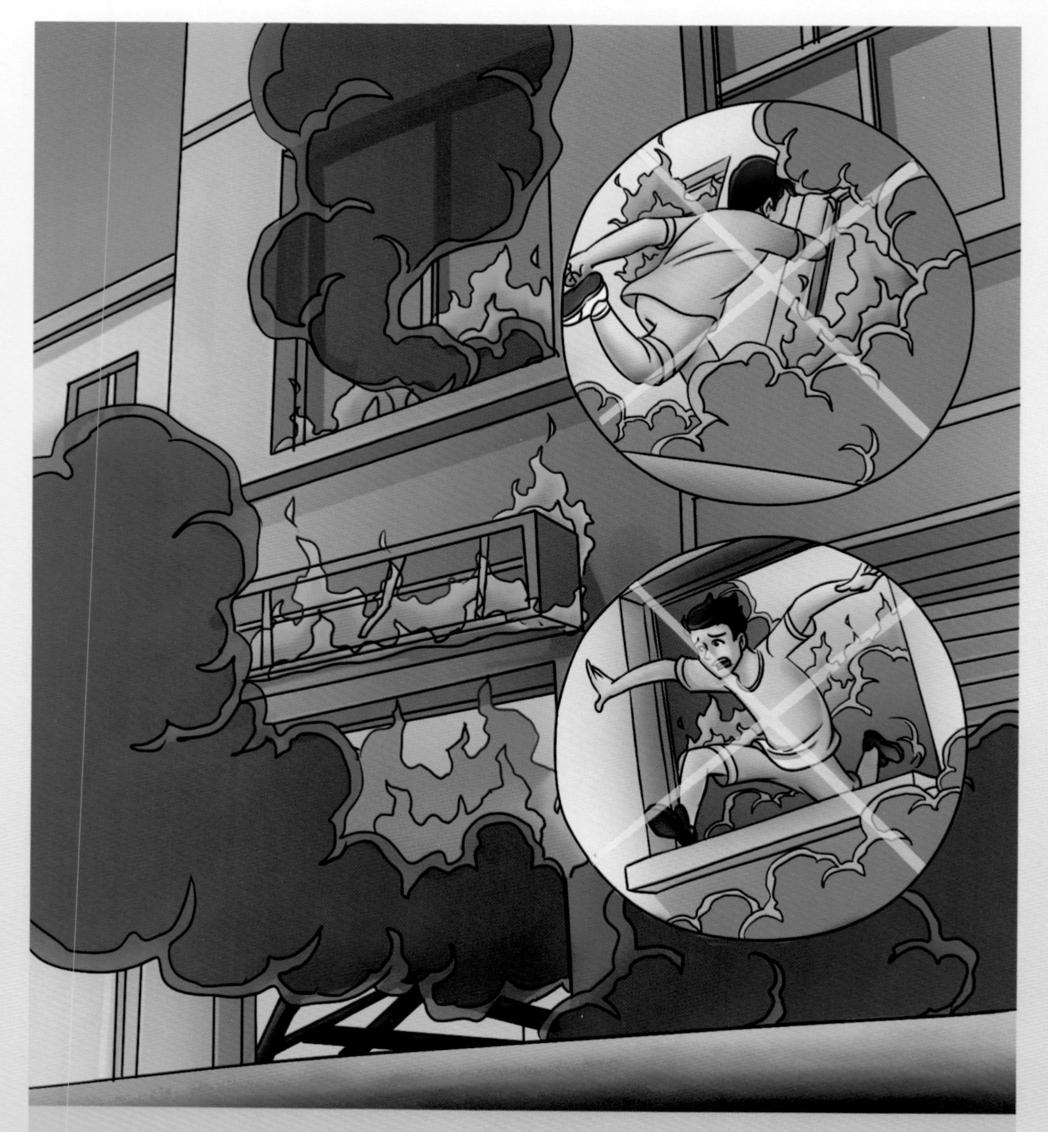

◎ **心理紧张、行为错乱**

火灾时，逃生者和救助者都面临生死考验，高度紧张，心理压力巨大。

逃生者面对烈火浓烟，慌乱盲目易导致错误的判断和行为，例如盲目聚集、重返火场或无准备的跳楼等，造成不应有的悲剧；救助者由于压力过大，会因胆怯、“热疲劳”等失去理智行为，陷入火情难以自救和施救。这些都对火灾逃生、救助产生不利影响。

我们将在后面内容介绍各种火灾现场，以及这些火灾现场的特点和逃生技巧。比逃生更重要、更现实的首要问题是我们一定要遵守各种生活、生产安全规则，禁火的地方一定要严守，不要因为自己的一时恣意妄为酿成灾难和悲剧。分析很多火灾的原因，更多的是人祸而不是天灾。我们应该吸取血的教训，警示高悬、警钟长鸣！

大兴安岭火灾

1987 年 5 月 6 日，黑龙江大兴安岭林场的几名工人无视林区中“不许带火上山，不许在山上、林场用火”的禁令，在林场里吸烟，未踩灭的烟头形成明火；此外当日，另一名工人违规启动割灌机，引燃了地上的汽油，灭火时只熄灭明火，没有清除残火、余火，火势失控，最后导致森林火灾。

大兴安岭火灾从 5 月 6 日至 6 月 2 日，持续近 1 个月，是新中国成立以来毁林面积最大、伤亡人员最多、损失最为惨重的一次森林大火。

大兴安岭火灾导致 210 人死亡，266 人烧伤，5 万余人流离失所。这场大火造成直接经济损失 4.5 亿元人民币，间接损失达 80 多亿元，后来认为各种损失合计几乎超过 200 亿元。

火灾现场(Ⅰ)

在这一部分，我们主要介绍在户外遇到火灾时如何逃生。自地球出现森林以来，森林火灾就未曾停止过，全世界每年平均发生森林火灾 20 多万次，我国每年平均发生 1 万多次。如果我们身处森林火灾之中，该如何逃生？随着社会经济的发展和科学的进步，交通工具成为我们生活中必不可少的一部分。然而，我们在享受现代交通工具舒适便捷的同时，也面临着不同的危险，火灾就是其中之一。既往一幕幕的火灾案例提醒我们，乘车、船和飞机时，一定要有安全意识，在平时应多掌握各类交通工具的结构特点及其火灾特点，掌握一定的逃生知识和办法，以便在必要时帮助自己和救助他人。

一场森林大火发生前的首要迹象是浓烈的烟雾，看到火焰之前还可以听到草木燃烧的噼啪声，看到动物惊慌逃窜的情景。

出现这些迹象后，在逃离时不要慌，应选择好脱险的路径，注意观察周围的地形和风向，估计火势扩展的趋势。

浓烟的方向提示了风向，同时也表明火势蔓延最快的方向。如人在火中，只能顶风逃出火海。

20 世纪 70 年代，内蒙古自治区生产建设兵团扑救草原大火时，因风向的变动和缺乏经验，导致 90 多名灭火者丧生。

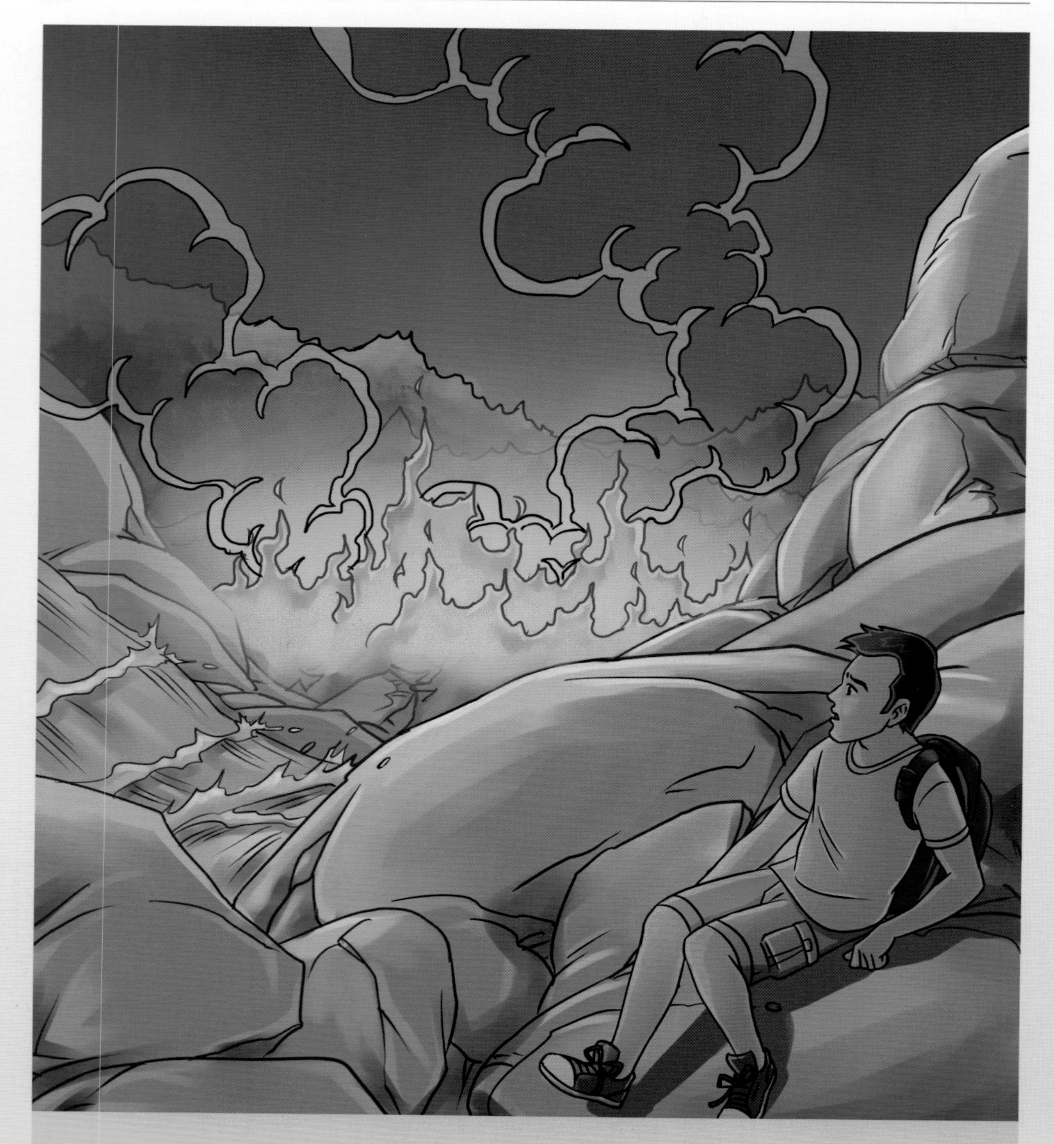

◎ 森林火灾的逃生要点：

（1）在丛林中找到道路、开阔平地和河流等防火带。

（2）如果大火随风迎面扑来，绵延数千米，既不能绕过大火的边缘，也不能逃离大火，则应该立即逃向宽大开阔的深谷、水道。

（3）**身在火海自救**：如被大火包围，有水时，可将衣服和身体浸湿，用潮湿的衣服遮住口鼻，穿过火势较弱的地方到达已烧光的地面。

（4）**躲在地下**：尽可能挖出一个合适的凹形坑，将泥土盖在大衣上，然后将被泥土覆盖的大衣盖到身上，手屈曲成环状放在口鼻上以利于呼吸。当火焰通过时注意屏住呼吸，以防热气灼伤肺部。

（5）**以火攻火**：当无法脱离火势或穿越火场，且与大火仍有一段距离时，可采取以火攻火的方法。其方法是在大火到达前点燃一片空地，使其没有可燃物残留，火苗也就无法前进，这样人为创造了一个避难所。点燃的火带应尽可能宽，至少宽 10 米。

（6）当车辆遭遇森林大火时，应躲在车中，关闭车窗、车门以及通风系统，使车能有效隔开辐射热；条件允许时马上驾车逃离。

◎ **航空火灾**

飞机中心部位备有自动灭火器，机舱内有手持式灭火器，一旦怀疑起火，告知机内机组成员，他们知道装备的位置及使用方法。

如遇见火苗，可想办法将其扑灭，避免恐慌。

飞机最易发生危险的时候是在起飞和降落时，因此起飞前应花几分钟仔细看安全须知录像或机组成员的演示，万一碰到紧急情况时也能心中有数。

不同机型的飞机紧急出口位置不同，乘客登机之后，留意与自己座位最近的紧急出口。飞机万一起火，应听从空乘人员指挥，从就近紧急出口逃生。

机舱有烟雾时，戴好氧气面罩，它可以使乘客在有烟的环境中安全呼吸至少 15 分钟。走向紧急出口时应尽可能弯曲身体，贴近机舱地面。机舱门一打开，救生衣会自行膨胀，乘客弯腰蹲身，迅速跳到救生梯上。乘客逃生前需取下身上的尖锐物品，以防刺破救生梯影响后面的人使用，滑到地面后，立即远离飞机。

◎ **公共汽车火灾**

(1)为安全起见，上车后应关注车内是否有安全锤，并确定紧急窗口的位置。应注意有无灭火器。

(2)汽车着火后，驾驶员应立即停车熄火，开启车门，让乘客从车门下车，然后组织部分人员利用车上灭火器灭火。重点保护驾驶室和油箱部位。

(3)如果车门开启不了，乘客应用安全锤砸开就近的车窗，然后从车窗处下车。

(4)如果乘客衣服着火，迅速脱下衣服，用脚将火踩灭。如果来不及脱下衣服，应就地打滚，将火滚灭。

◎ **轮船火灾**

(1)利用轮船内部设施逃生,如利用内梯道、外梯道和舷梯逃生;利用逃生孔逃生;利用救生绳、救生梯向水中或赶来救援的船上逃生;也可穿上救生衣跳进水中逃生。

(2)当航行的轮船机舱起火时,机舱人员可利用尾舱通向上甲板的出入孔逃生。船上工作人员应引导乘客向客舱前部、尾部和露天甲板疏散。

（3）当轮船大火还未烧到机舱时，应采取紧急靠岸或自行搁浅措施。

（4）当轮船上某一客舱着火时，舱内人员在全部逃出后应随手将舱门关上，以防火势蔓延，及时提醒其他旅客赶快疏散。若火势已窜出封住内走廊时，相邻房间的旅客要关闭靠内走廊的房门，从通向左右船舷的舱门逃生。

总之，轮船火灾逃生方法不同于陆地火场逃生，具体逃生方法应依据当时客观条件而定。

◎ **列车火灾**

（1）利用车厢前、后门逃生：每节车厢内都有一条宽约 80 厘米的贯通人行通道，车厢两头有通往相邻车厢的手动门或自动门，当某一节车厢发生火灾时，这条通道是被困人员可利用的主要逃生通道。

（2）利用车厢的窗户逃生：车窗一般装有双层玻璃。停止运行的列车发生火灾，被困人员可用专用破窗锤砸破应急逃生窗的玻璃，快速逃离火灾现场。

（3）运行中的列车风力很大，发生火灾时只要时间允许，应立即关闭车窗，减缓燃烧速度，为逃生创造宝贵的时间。同时，乘务员应立即扳下紧急制动闸，使列车停下来，然后组织人力迅速将车窗重新全部打开，帮助人员疏散。人员疏散时，要沿列车行进方向撤离，因为运行中的列车发生火灾，通常火是向后面车厢蔓延的，火势越大，蔓延越快。

（4）火灾威胁相邻车厢时，应采取摘钩的方法使未起火的车厢尽快与之脱离。

◉ **地铁火灾**

地铁已成为大城市里一种重要交通工具，因客流量大、人员集中，一旦发生火灾，极易引起群死群伤的后果。

（1）一旦发生地铁火灾，要及时拨打火警 119 或按动车厢内的紧急报警按钮。在两节车厢连接处，均贴有红底黄字的“报警开关”标志，箭头指向位置即是紧急报警按钮所在位置。将紧急报警按钮向上扳动即可通知地铁列车司机，以便司机及时采取相关措施进行处理。

（2）地铁司机会尽可能将列车开到下一车站后再处理突发事件，通常仅需1～3分钟。列车运行期间，乘客千万不要采取开门、砸窗及跳车等危险行动。

（3）隧道内疏散需确定方向，控制中心和司机会根据列车所在区间位置、火灾位置、风向等综合因素确定疏散方向，并迅速通知乘客，组织疏散。

（4）如果火势蔓延迅速，乘客无法进行灭火自救，此时应保护自己，有序安全地逃生，及时关闭车厢门，防止火势蔓延至下一车厢以赢得逃生时间。

（5）乘客撤退时，一定要守秩序，切忌因慌乱而在逃生通道处拥挤一团，降低逃生通道的利用率。

（6）年轻力壮的乘客在保证自身安全的前提下，应帮助妇女、儿童和老人撤离，尽可能降低人员伤亡。

（7）**留意车上广播**：灾情发生后，乘客要随时用心听广播，切不可慌乱，在司机的指引下，有序地通过疏散门进入隧道，往邻近车站撤离。视线不清时，可用手摸墙壁徐徐撤离，但要特别注意，严禁进入另一条隧道。

（8）**使用消防设施**：列车上的灭火器均摆在车厢明显的位置，并有标志提醒。站台消火栓、灭火器也会摆在站厅/站台等处明显位置。使用方法为：安装好消防水带，直接打开消火栓，启用消防水枪灭火；或打开灭火箱，取出灭火器，接着拉开保险销，对着火源灭火。

上海11.15特大火灾

2010年11月15日下午2时15分左右，上海静安区胶州路一幢28层居民楼在外墙装修时发生特大火灾，造成58人死亡，70余人受伤送医，56余人失踪。遇难者中有不少是退休教师和独居老人。

造成这次火灾的直接原因是非持证上岗的电焊工人在作业时，电焊火星引燃了防护网，防护网又引燃了散落在脚手架上的聚氨酯碎屑，由此引燃了墙面上的保温材料和脚手架，导致了大火的迅速蔓延。

事故调查最后认定施工方为节约成本，牟取暴利，违规使用尼龙网、聚氨酯等易燃材料，是导致大火迅速蔓延的重要原因。遗憾的是，在这次大火发生之前，就有居民向物业反映施工存在安全隐患问题，但迟迟没有得到解决。

火 灾 现 场（Ⅱ）

随着城市建设的不断发展，高层建筑不仅越来越多，也越来越高。火灾发生时，高层建筑主要依靠自身的消防措施来保障安全和群众自救，例如完善高层建筑的消防设施；内部装修时，采用不燃或难燃材料；加强建筑的消防安全管理。科学、正确的逃生方法将为我们赢得逃生时间，创造逃生机遇。

目前消防车灭火最高只能达到 20 层楼高，因此高层建筑火灾主要靠自救。高层建筑火灾的逃生要点：

（1）千万不可惊慌失措： 冷静观察火情和环境，迅速分析判断火势趋向和灾情发展，选择合理的逃生路线和方法，争分夺秒逃离火灾现场。

（2）发出求救信号： 无法逃离火场的人员应尽量撤离到阳台、窗口等易于被人发现和能避免烟火近身的地方，白天晃动鲜艳衣物，夜晚用手电筒不停地向外发出求救信号。

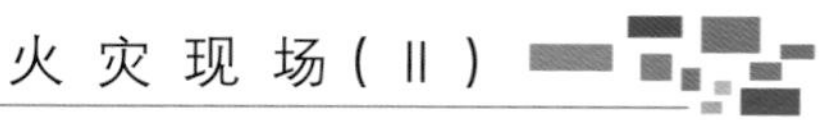

(3)切勿利用普通电梯逃生:火灾时会因断电而造成电梯停运，逃进电梯容易被困；另外，电梯口直通大楼各层，火场上烟气涌入电梯，极易形成“烟囱”效应，人在电梯里随时会被浓烟毒气熏呛中毒而窒息。

(4)利用楼梯逃生:楼梯等安全通道都配有应急指示灯作为标志，火灾发生时，被困人员可以循着指示灯沿楼梯一侧逃生，最好将楼梯内侧留给消防人员使用。

（5）**切勿随便开门**：如果房门或门把烫手，一旦开门，烈焰浓烟将扑面而来。此时，应采取创造避难场所、等待救援的办法。首先躲开迎火的门窗，打开背火的门窗。用窗帘、垫子等塞紧门缝，然后不停用水淋透房门，防止烟火涌入，固守在房内，直到救援人员到达。

（6）**设法向下滑落**：一时难以获救时，设法向下滑落。把床单、窗帘等系成绳子，然后固定在暖气管道或结实沉重的家具上。也许长度不够，但能降低跳下的高度，还可把坐垫、枕头、被褥等扔在窗口附近的地面。切记，除非消防人员已在地面接应，否则不要冒险跳楼。

(7)**辨明着火楼层**:当着火点位于上层,人员应往楼下逃生。当着火点位于下层,且烈火烟雾已封锁向下的逃生通道时,则人员应尽快向楼上逃生。寻找避难层或防火分区,积极自救。

(8)**巧用卫生间避难**:当所有安全通道均被切断,卫生间可用于避难。进入卫生间后紧闭门窗,堵严缝隙,拧开所有的水龙头放水,特别是浴缸应不间断放水。一方面可用水浇门窗以降温,另一方面火势蔓延到卫生间时,人还可以到浴缸中躲避一下。房内氧气含量降低,呼吸困难时,可打开背火的窗户通风供氧。

据调查，商场火灾中多数的死亡原因是不懂疏散逃生知识、逃生方法错误和错过逃生时机。商场火灾基本逃生要点：

（1）**熟悉周边环境**：进入商场，应留意楼梯、安全出口以及灭火器、消防栓和报警器的位置，以便发生火灾时及时逃出险区或将初起火灾及时扑灭，并及时向外报警求救。

（2）**利用疏散通道逃生**：火灾初期，室内外楼梯、自动扶梯都是很好的逃生通道，但不要乘坐普通电梯逃生。

（3）**利用建筑物逃生：** 可利用落水管、房屋内外的突出部分和各种门、窗及建筑物的附属建筑进行逃生，或先转移到安全区域再寻找机会逃生。运用这种逃生方法，要胆大心细。

（4）**自制器材逃生：** 巧妙利用商场内的物品逃生。绳索或把布匹、床单、窗帘撕条拧绳，制作逃生绳；毛巾、口罩浸湿后捂住口鼻通过浓烟地带；穿戴安全帽、摩托车头盔等保护用品，避免被烧伤和被落物砸伤。

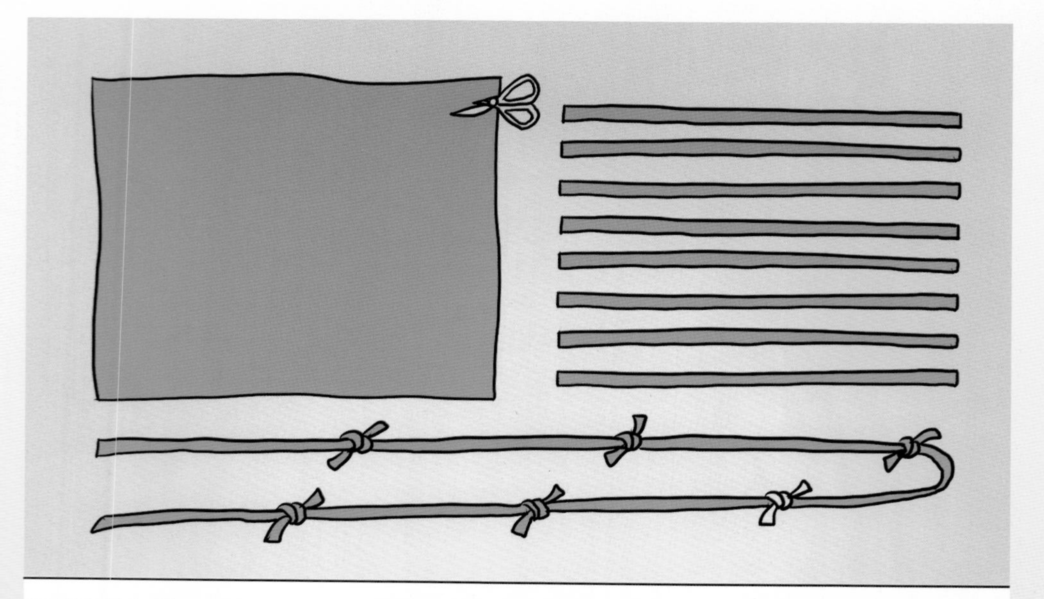

自制逃生器材的具体方法：①将布匹、床单等剪成条状，每隔 3 米打 1 个结，对折互打两结；②将毛巾浸湿后拧一下，以不滴水为好，对折 3 次，形成 8 层的滤过层，可过滤 60% 烟雾、颗粒。但老人、孩子以及有呼吸系统疾病的患者慎用，因为其呼吸阻力大，有窒息的危险。

（5）寻找避难处所：无路可逃时，应寻找避难处所，例如前往阳台、楼层平顶等待救援；选择火势、烟雾难以蔓延的房间，如厕所、保安室等，关好门窗，堵塞间隙。房间如有水源，要立即将门窗和各种可燃物浇湿，以阻止或减缓火势的蔓延速度。

（6）不盲目追随：生命突然受到威胁时，人们极易失去正常的判断能力，听到或看到他人跑动，常常盲目追随其后。其实，这样反而容易撞进险区。

（7）**避免盲目往下跑**：发生火灾时，首先应弄清是楼上着火还是楼下着火，楼下着火时，应判断火场情况后决定逃生路线。如火场已达旺盛期、温度过高，已是一片火海，则无法通过，不要盲目跑向火海。

（8）**不盲目朝光亮处跑**：在危急情况下，人们习惯向有光亮的方向逃生。记住：火灾时，电源可能已被切断或已短路、跳闸，光亮处可能正是大火燃烧处。

地下商场通道少且窄，周围密封，空气对流差，浓烟高温不易散失，火灾扑灭很困难。一旦发生火灾，人们会更加紧张，逃生心情更加急迫，失去冷静，以致辨不清方向，不知消防通道或安全出口的位置，结果慌不择路，失去逃生机会。地下商场火灾的逃生要点：

（1）要有逃生的意识：凡进入地下商场的人员，一定要对其设施和结构布局进行观察，记住疏散通道和安全出口的位置。

（2）立即关闭空调系统，停止送风，防止火势扩大。同时，立即开启排烟设备，以便降低火场烟雾浓度，提高火场能见度。

（3）**关闭防火门，防止火势蔓延**：初起火灾时，应采取一切措施将其扑灭或控制在最小范围内。

（4）**寻觅安全避难场所**：想方设法迅速逃生到地面、避难沟、防烟室和其他安全区。逃生时，保持低姿前进，用水或饮料淋湿毛巾或衣服，用其掩住口鼻，不要奔跑以免呼吸加速引起呼吸困难。

火灾事故的发生，大体上分为初始阶段、发展阶段、猛烈阶段、下降阶段以及熄灭阶段。家庭火灾，第一原则是想方设法逃生，不要贪恋财物，因为生命才是第一位的。发生火灾时，应分析火情，看清火势，活学活用消防技能，如晚上或凌晨发生火灾，因发现不及时，以致来不及扑灭时，一定要想方设法逃生。

家庭火灾逃生要点：

（1）防烟：当你被烟雾呛醒，切忌慌乱，此时应将毛巾、衣物等用水打湿捂住口鼻，弯腰低姿，因距地面30厘米以下浓烟少，不易窒息。火场中80%以上的人死于烟雾窒息，逃生一定要防烟。如有防毒面具，马上拆开使用。判断火势及来源，避开火源方向逃生。

（2）**正确开门**：如果房门或门把手温度正常，且门缝没有烟雾，立即开门离开。为防阵风，开门前应尽可能关闭全部门窗；为防热气流，开门时要用脚抵住门下方。

（3）切忌使用升降设备（电梯）逃生。

（4）切忌返回屋内取回贵重物品。

（5）如家里还有其他人，应先叫醒熟睡的人，不要只顾自己逃生。尽可能在逃生时大声喊叫，以提醒其他人逃生。成年人要帮助未成年人撤离火场。

（6）**报警：**如现场条件允许，应及时报警。保持镇定，拨打 119，通话过程中一定要详细说明火灾地点，简述火灾情况，留下电话及地址，以便进一步联系。如为燃气泄漏引发的火灾，应先用灭火器灭火，再关闭燃气阀门，打开门窗通风换气，严禁在室内打电话，防止引发爆炸。

（7）**燃气管道着火：**如燃气管道着火，应首先用灭火器灭火，然后用湿布垫住手关闭阀门。如果没有灭火器，应首先及时报警。切记，没灭火之前不要关闭阀门，由于高温燃烧和压力差的影响，没灭火前关闭阀门会引发回火造成爆炸的危险。

（8）**油锅着火：**油锅起火时切忌用水浇，以免导致火苗蹿出，引发火灾。应直接盖上锅盖，隔离空气灭火，关闭火源或把油锅端离炉火。

住宾馆时首先了解自己所处的位置，记住房间和消防楼梯的入口处以及避难层的方位和特征。因为一旦发生火灾，楼房烟雾充斥，目力所及非常有限，此时可凭触觉和方向感寻找安全逃生通道。

注意张贴在房间或走廊的火警逃生路线图，进房后仔细看一遍，熟记从客房到安全出口的最佳路线，以免灾情紧急时延误最佳逃生时间。

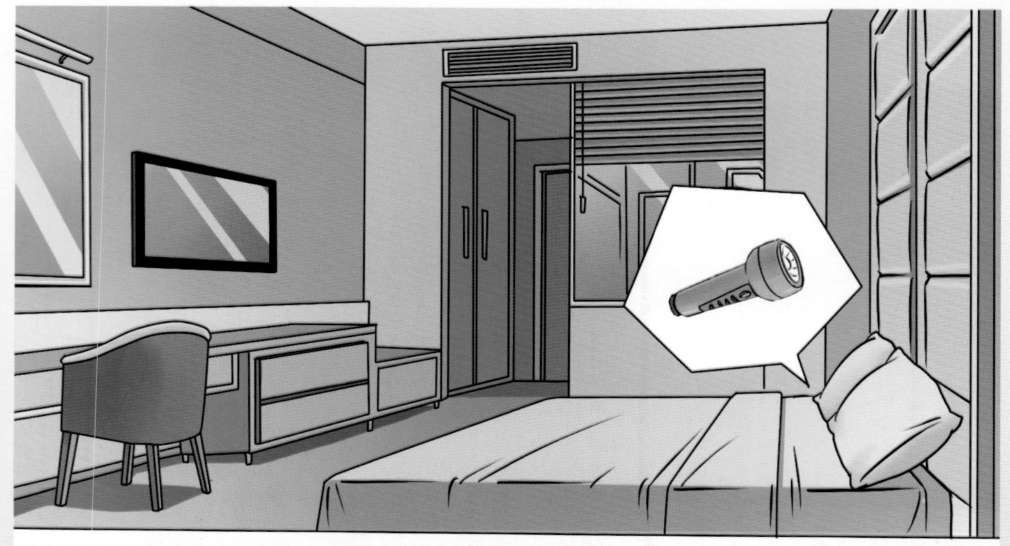

旅馆、酒店、宾馆等场所火灾逃生要点：

（1）了解房间构造：旅客住进客房后应试推防烟门，如果上了锁，应该把锁打开；了解客房浴室是否有排气孔，一旦着火，可打开排气孔排烟；打开窗户看看外面是否有阳台；如有手电筒，则放置在床头，停电时用于照明。

（2）分析火情：发生火灾时，应先查看起火的地点在哪里。黑烟冒过来的地方很可能就是起火的地点。

（3）逃生第一：一旦发生火灾，要及时撤离，不要考虑行李，以免延误时间而错失最佳逃生机会。开门后烟气重，要匍匐逃离。当屋外有烟飘进来时，不要急着开门，先通过门上的窥视孔观察门外情况，或用手触摸门（试温度）等来判断。如果门外有火苗，千万别开门，以免火烟涌入。

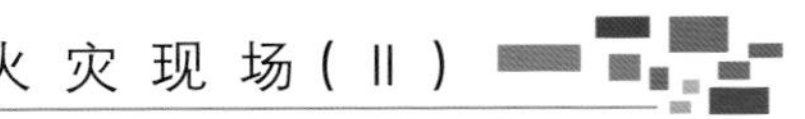

（4）**选择正确的逃生方向：**火灾时不要迎着浓烟奔跑。2001 年 11 月，呼和浩特市某宾馆发生火灾，几位早已得到紧急通知的客人在逃生时被浓烟熏倒致死，而另一些客人从二三楼窗口选择安全地点跳下和爬行逃出而获救。

消防通道内短时不会有火，但火灾发生时，烟的高温和毒气更容易致人死亡，所以在消防通道逃生时应使用宾馆内防毒面具（入住时检查配置情况）防烟。如通道温度过高，无法通行，则想办法利用窗口逃生。可使用绳索或床单、窗帘等制作绳子逃生；二楼被困人员可向下扔一些床垫、被子等创造相对安全的着陆点跳离逃生。

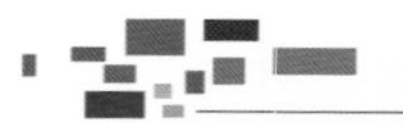

（5）**安全门和楼顶逃生**：从客房逃出后，迅速赶往安全门，然后将门关上，以防浓烟侵入；假如没有烟雾，迅速下楼，逃离建筑物。当楼梯遭遇烟火封锁时，切勿试图冲过，应返回房内或冲向楼顶，打开楼顶安全门并站在通风处等待救援。记住：楼顶是第二安全避难所（适合9层以下建筑）。

（6）**保持同外界的联系**：拨打电话救援；往楼下扔不会砸伤人的物品以引起他人注意，在窗外挥动被单或彩色布条；反复一熄一亮电灯或手电筒。总之，设法让人注意到客房里还有人，以便救援人员及时营救。

影剧院里都设有消防疏散通道，并装有消防标示牌、指示牌、地贴以及应急灯等设备，标有“出口处”“紧急出口”等标识。发生火灾后，观众应按照这些应急照明指示设施所指引的方向，迅速选择人流量较小的疏散通道撤离，从而最大程度保全生命。

影剧院火灾逃生要点有：

（1）当观众厅发生火灾时，大火蔓延的主要方向是舞台，其次是放映厅，逃生人员可利用观众厅的各个出口迅速疏散。

（2）人员要有序撤离，切忌互相拥挤，堵塞疏散通道，影响疏散速度。

（3）疏散时，人员要尽量靠近承重墙或承重构件部位行走，以防坠物砸伤。特别是在观众厅发生火灾时，人员不要在剧场中央停留。

（4）若烟气弥漫时，应弯腰行走或快速匍匐前进。

火灾自救

这一部分里，我们主要总结一下前面各种火灾现场通用的一些逃生策略。实际上，掌握原则固然重要，而在真正面对火灾时，因地制宜、审时度势、灵活机动地应用逃生知识方为上策。随着对灾难逃生科学的进一步研究以及人们生活环境的改变，现有的逃生知识可能会被修改并提出新的观点，无论怎样变化，平时多注意学习各种逃生知识，能帮助我们在面临灾难时保持清醒的头脑，顺利渡过难关。

在火势越来越大，不能立即扑灭，被火围困时，应尽快设法脱险。

如果门窗、通道、楼梯已被烟火封住，确实没有向外冲的可能时，可向头部、身上浇些冷水或用湿毛巾、湿被单将头部包好，用湿棉被、湿毯子将身体裹好，再冲出险区。

如果浓烟太大，呛得透不过气来，可用口罩或毛巾捂住口鼻，身体尽量贴近地面行进或者爬行，穿过险区。

当各种逃生通道已经被阻断时，应保持镇静，脱险要点有：

（1）可以从室外消防梯走出险区。

（2）低楼层的人员利用结实的绳索（或将床单、窗帘等撕成条，拧成绳），拴在牢固的窗框或床架上，然后沿绳缓缓滑下。

（3）二楼的人员可以先向楼外扔被褥作垫子，再往下跳，既能缩短距离，又能保障安全。三楼以上者，不要轻易跳楼，因距地面较高，容易造成伤亡。

（4）转移到其他比较安全的房间、窗边或阳台上，耐心等待消防人员。

在火灾中，被困人员应有良好的心理素质，保持镇静，不要惊慌，不盲目行动，选择正确的逃生方法。注意：影视作品中的火灾场面是在浓烟以外的环境中拍摄的，所以火灾场面非常清晰，不要受误导。现实火灾现场的温度非常高，能见度很低，甚至在您长期居住的房间里也会搞不清楚窗户和门的位置，在这种情况下，更需要保持镇静，不要惊慌。

被困火场，要利用周围一切条件逃生，例如消防电梯、室内楼梯、阳台、过道、建筑物外墙的水管等。再次强调：不要乘坐普通电梯逃生。

遇到浓烟时要立即停下来，千万不要试图从烟火里冲出来，在浓烟中应采取低姿势爬行。由于热空气上升的作用，火灾中产生的浓烟大量飘浮在上层，而在火灾中距离地面 30 厘米以下的地方有含烟量相对较少的空气，因此浓烟中应尽量采取低姿势爬行，头部尽量贴近地面。

浓烟中逃生时，如果防护不当，不仅刺伤眼睛，还容易误吸入肺，导致昏厥或窒息。逃生时使用自救呼吸器，保护头部、眼睛，以穿过高温浓烟区。

切记：在逃生过程中，不要用塑料袋套住头部，以免窒息。

如果是晚上发生火灾，首先应该用手背去接触房门，试一试房门是否已变热。如果是热的，不能打开门，否则烟和火就会冲进室内；如果房门不热，火势可能还不大，通过正常的逃生途径逃离房间是可能的。

离开房间以后，一定要随手关好身后的门，以防火势蔓延。

总之，发生火灾时，要积极行动，不能坐以待毙。

我们每个人都应该多掌握一些火场自救的要诀，在火灾困境中才能幸免遇难。

第一诀：熟悉环境，暗记出口。

当您处在陌生的环境时，为了自身安全，务必留心疏散通道、安全出口以及楼梯方位等，以便在关键的时候能够尽快逃离现场。

请记住：在安全无事时，要居安思危，给自己预留一条出路。

第二诀：通道出口，畅通无阻。

楼梯、通道、安全出口等是火灾发生时最重要的逃生之路，应保证畅通无阻，切不可堆放杂物或设闸上锁，以便紧急情况下能安全迅速地疏散逃生。

请记住：自断后路，危险激增。

第三诀：争分夺秒、扑灭小火。

火灾初期，如果火势并不大，不会对人造成很大威胁，如周围有足够的消防器材，如灭火器、消火栓等，应奋力将小火控制、扑灭。千万不要惊慌失措地乱叫乱窜，置小火于不顾而酿成大灾。

请记住：争分夺秒，扑灭“初期火灾”。

第四诀：保持镇静，明辨方向。

突遇火灾，面对浓烟和烈火，首先要保持镇静，迅速判断危险地点和安全地点，决定逃生的方向，尽快选择逃生办法撤离险地。千万不要盲目地跟从人流和相互拥挤、乱冲乱窜。撤离时要注意，朝外面空旷地方跑，若通道已被烟火封阻，则应背向烟火方向离开，通过阳台、气窗、天台等往室外逃生。

请记住：人只有沉着镇静，才能想出好办法。

第五诀：不入险地，不贪财物。

身处险境，应尽快撤离，不要因迟疑或顾及贵重物品，而浪费逃生时间。已经逃离险境的人员，切莫重返险地。

请记住：留得青山在，不怕没柴烧。

第六诀：简易防护，蒙鼻匍匐。

逃生时如遇浓烟，要防止烟雾中毒、预防窒息。为了防止火场浓烟呛入，可采用湿毛巾、口罩蒙鼻，匍匐撤离的办法。穿过烟火封锁区，应戴防毒面具、头盔，穿好阻燃隔热服，如果没有这些护具，可向头部、身上浇冷水或用湿毛巾、湿棉被、湿毯子等将头、身裹好，再冲出去。

请记住：多件防护工具在手，总比赤手空拳好。

第七诀：善用通道，莫入电梯。

现代标准的建筑物都有两条以上的逃生楼梯、通道或安全出口。发生火灾时，根据情况选择进入安全的楼梯通道；还可利用阳台、窗台、天台屋顶等攀到周围的安全地点，沿着落水管、避雷线等建筑结构中凸出物滑下楼而脱险。

普通电梯因断电、浓雾侵入，是非常危险的通道，千万不要误入。

请记住：逃生的时候，乘普通电梯极危险。

第八诀：缓降逃生，滑绳自救。

高层、多层公共建筑内一般都设有高空缓降器或救生绳，人员可以通过这些设施安全地离开危险的楼层。如果没有这些专门设施，而安全通道又被火灾封锁，在救援人员不能及时赶到的情况下，可以迅速利用身边的绳索或床单、窗帘、衣服等自制简易救生绳，并用水打湿，将救生绳的一端固定在室内牢固的设施上，从窗台或阳台沿绳缓滑到下面楼层或地面，从而安全逃生。

请记住：胆大心细，救命绳就在身边。

第九诀：避难场所，固守待援。

假如用手摸房门已感到烫手，此时一旦开门，火焰与浓烟势必迎面扑来，加上逃生通道被切断且短时间内无人救援，这时候可采取创造避难场所、固守待援的办法。首先关紧迎火的门窗，打开背火的门窗，接着用湿毛巾或湿布塞堵门缝或用水浸湿棉被蒙上门窗，然后不停用水淋透房间，防止烟火渗入，固守在房内，直到救援人员到达。

请记住：坚盾何惧利矛。

第十诀：缓晃轻抛，寻求援助。

被烟火围困暂时无法逃离的人员，应尽量待在阳台、窗口等易于被发现和能避免烟火近身的地方。在白天，可以向窗外晃动鲜艳衣物，或外抛轻型晃眼且不会砸伤路人的东西；在晚上，可以用手电筒不停地在窗口闪动或者敲击东西，及时发出有效的求救信号，引起救援者的注意。

请记住：充分暴露自己，才能拯救自己。

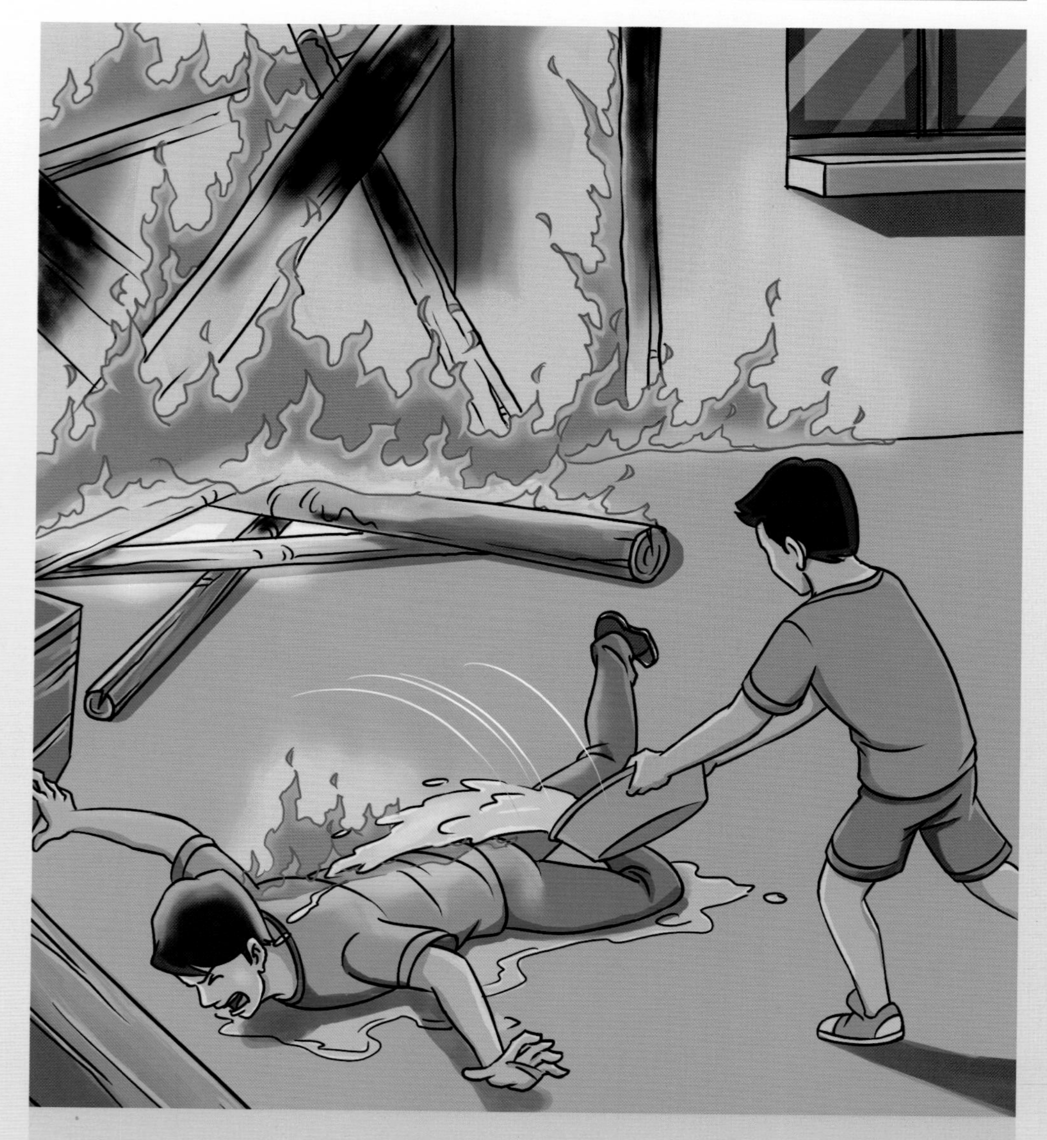

第十一诀：火已及身，切勿惊跑。

火场上的人如果发现身上着了火，千万不可惊跑或用手拍打。当身上衣服着火时，应赶紧设法脱掉衣服或就地打滚，压灭火苗；能及时跳进水中或让人向身上浇水也能达到灭火效果。

请记住：就地打滚虽狼狈，烈火焚身可免除。

第十二诀：跳楼有术，不可盲目。

强调的是：只有在消防队员准备好救生气垫并指挥跳楼或楼层不高（一般2层以下），而且非跳楼即可能被烧死的情况下，才采取跳楼方法。跳楼尽量往救生气垫中部跳；如果没有救生气垫，则往有水池、软雨篷、草地的方向跳。被困人员可包裹棉被、沙发垫等松软物品或打开大雨伞跳下，减轻落地冲击力对自身的伤害。落地前双手抱紧头部，身体蜷曲成一团，避免头部着地，以减少伤害。

请记住：跳楼不等于自杀，关键是要有技巧。

每个人对自己工作、学习或居住所在的建筑物的结构及逃生路径要做到了然于胸，必要时可集中组织应急逃生预演，使大家熟悉建筑物内的消防设施及自救逃生的方法。这样，火灾发生时，就不会觉得走投无路了。

医疗救助

对个人和家庭而言，学习人工呼吸、胸外心脏按压、止血、包扎伤口和搬运伤员等医学知识，有助于我们在灾害来临时保护自己，救助他人。目前，我国的很多视频网站都有常见急救医学的影音资料。火灾现场医疗救援的首要任务是维持生命、减少残疾和遏制病情恶化，应遵循“先重后轻，先急后缓，先救命、酌情处理创伤”的原则。

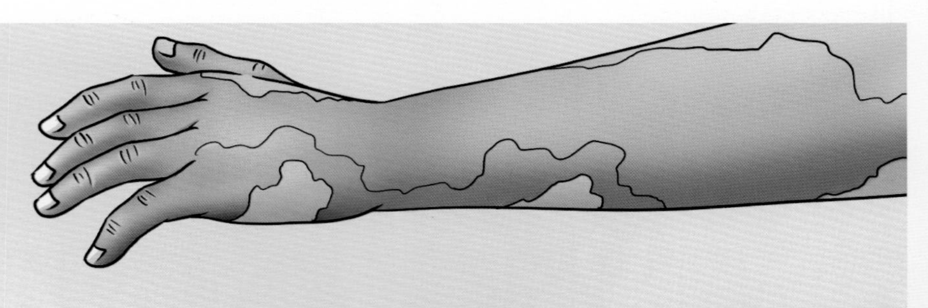

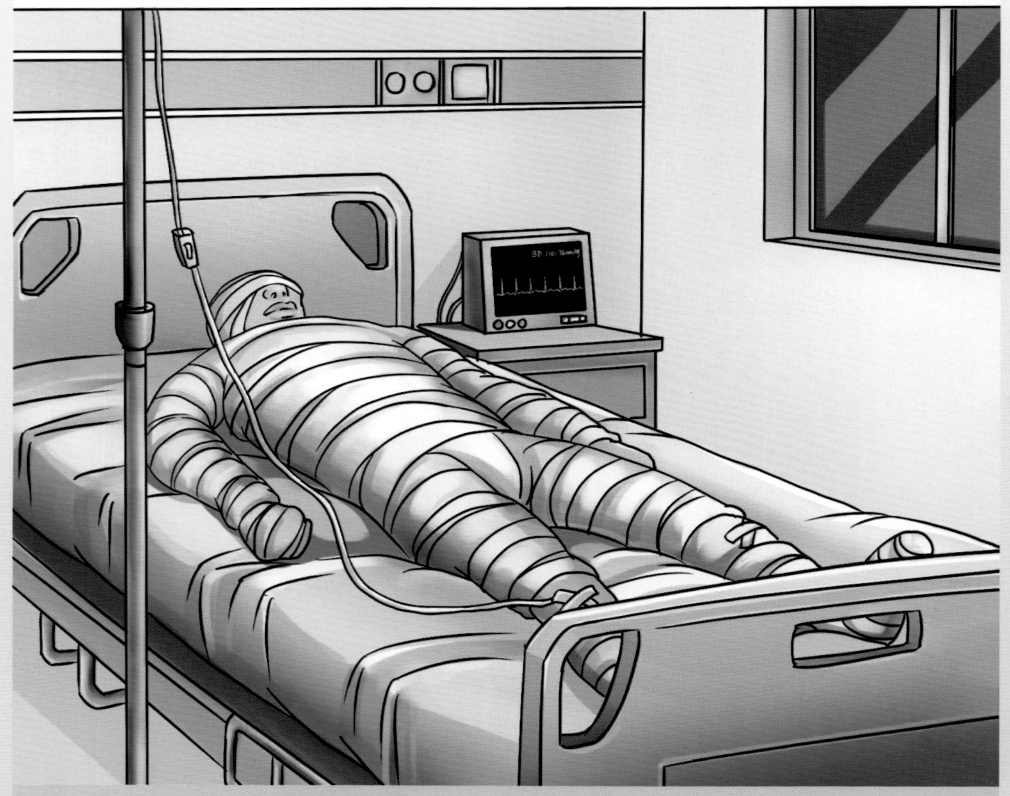

火场医疗救援通常包括烧伤急救和中毒急救。

（1）烧伤急救：烧伤是火灾中最常见的创伤，可由火焰烧灼、辐射高温、热烟气流等造成。烧伤不仅损害皮肤，还能深达肌肉骨骼，严重者引起全身反应，如休克、感染等，危及生命。

烧伤急救总的原则是迅速扑灭火源和伤员身上的明火，制止烧伤面积继续扩大和创面逐渐加深，防止休克和感染，具体措施概括为“一灭”“二防”“三不”“四包”“五送”。

一灭：采取有效措施尽快灭火或者使身体脱离灼热物质。

衣服燃烧时，伤员应立即卧倒在地，慢慢打滚灭火，并迅速脱去着火衣物。切勿站立喊叫，以防发生吸入性损伤；不要奔跑，以免产生的阵风加剧燃烧；不要用手拍打火焰，以防手部被深度烧伤。

冷水有镇痛作用，中小面积的浅度烧伤可立即浸入冷水止痛，但冷水又会使血管收缩，导致组织缺氧，故不适用于大面积烧伤者。

二防：防休克和感染。现场可口服止痛片（颅脑损伤或重度呼吸道烧伤时，禁用吗啡）、抗生素和饮用淡盐水等。淡盐水一般少量多次饮用为宜。注意：不要让伤员只喝白开水或糖水，以免引起脑水肿等并发症。保持气道通畅，有条件时，争取吸氧。

三不：在现场对烧伤创面一般不作特殊处理，尽量不要弄破水疱，不要随意涂药。

四包：包扎创面，防止再次污染。可用三角巾、清洁衣服及被单等包裹创面。冬季应注意保暖，夏季应注意防晒。

五送：在现场，如发现心跳、呼吸停止，应立即进行心肺复苏术。在转送途中，若仍不能恢复自主心跳、呼吸，应继续实施心肺复苏术，同时要严密观察伤员其他变化。搬运伤员时动作要轻柔，行进要平稳，以减少伤员的痛苦。

（2）**中毒急救**：火场上常见一氧化碳中毒。患者有头痛、心悸、恶心、呕吐及全身乏力等症状；重者昏迷、抽搐，甚至死亡。现场急救措施有：

把伤者迅速移至通风处，呼吸新鲜空气，吸氧，保暖。

发生呼吸心跳骤停者，立即进行心肺复苏术。

严重中毒者或昏迷后清醒者都要送医院接受高压氧舱治疗，以免发生中枢神经功能障碍后遗症。

逃生误区与消防常识

据专家统计，死于火灾的原因，很大一部分是逃生方法不正确。为了让读者印象深刻，在这里我们着重列举了一些火灾逃生中的错误做法，请读者与前面介绍的正确做法对比体会；同时，是否具备消防常识，在火灾发生时往往可以决定一个人的生死，所以，在这一部分，我们也将学习一些常用的消防知识。

错误一：冒险跳楼逃生。

发生火灾后，当选择的逃生路线被大火封死，火势越来越大，烟雾越来越浓时，人们往往很容易失去理智。此时，切记不要随意跳楼、跳窗，而应另谋生路，万万不可盲目采取冒险行为。

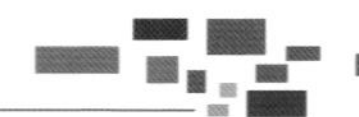

错误二：一味从高处往低处逃生。

高层建筑一旦失火，人们总是习惯性地认为，只有尽快逃到一层，跑到室外，才有生的希望。殊不知，盲目朝楼下逃生，可能自投火海。因此，在发生火灾时，首先应弄清火灾发生的楼层和方位，结合自身逃生能力和自救逃生的器材配置情况再决定逃生方向。

错误三：只知向光亮处逃生。

在突遇火灾时，人们总是习惯向着有光、明亮的方向逃生，殊不知，在火场中，光亮之地往往正是火魔肆无忌惮地逞威之处。

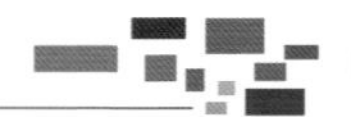

错误四：盲目跟着别人逃生。

当人突然面临火灾威胁时，极易因惊慌失措而失去正常的思考判断能力，第一反应就是盲目跟着别人逃生。常见的盲目追随行为有跳窗、跳楼等。克服盲目追随的方法是平时要多了解与掌握一定的消防自救与逃生知识，避免事到临头没有主见。

错误五：习惯从进来的原路逃生。

这是许多人在火灾逃生中会发生的行为。因为大多数建筑物内部的道路出口一般不为人们所熟悉，一旦发生火灾，人们总是习惯沿着进来的出入口和楼道进行逃生，可当发现此路被封死时，已失去最佳逃生时间。因此，当进入一幢新的大楼或宾馆等场所时，一定要对周围的环境和出入口进行必要地了解与熟悉，以防万一。

吉林省辽源市中心医院大火

2005 年 12 月 15 日，吉林省辽源市中心医院发生特大火灾事故，造成 37 人死亡、95 人受伤，直接经济损失 821.9 万元。

当日 16 时 30 分，该医院电工班班长张某在值班时突然发现医院全楼断电，在未查明停电原因的情况下强行送电。数分钟后，配电室起火，张某未及时采取扑救措施，而是跑到院外去拉变电器刀闸开关。自救无效，前后历时 30 分钟，他才打电话报警，造成火势迅速蔓延，大量人员被困火场，群死群伤事故已经不可避免。

调查认定，辽源市“12·15”特别重大火灾事故是一起责任事故。导致事故发生的直接原因是：中心医院配电室电缆沟内发生电缆短路故障引燃可燃物。事故的间接原因是：中心医院配电室及部分电器设备改造工程中存在施工质量不合格，没有组织检测验收就直接投入使用，特别是购置、铺设了质量不合格的电缆，埋下了重大安全隐患。

烟头和火灾

2012 年 7 月 29 日 21 时，重庆某医院病房突发大火，浓烟滚滚，经众人积极扑救，火灾最终扑灭。后来查明事故原因是当晚执勤保安把没有熄灭的烟头扔在垃圾堆中所致。

烟头表面温度为 200～300℃，而大多数可燃物的燃点低于这个温度，例如碎布、棉花、棉线、被褥、刨花、草垫、锯末、木板、胶合板、化纤地毯、聚苯乙烯泡沫塑料和玻璃纤维塑料等。烟头掉在搓成团的纸上，在无风时能烧焦若干层纸，在废纸篓或垃圾箱内能形成阴燃。易燃气体、液体挥发出来的蒸汽与空气混合后能形成爆炸性混合气体，达到一定浓度时，遇到一点火星，则将引起燃烧、爆炸。

10% 的吸烟火灾都是人为造成的，而起火场所又大部分集中在宾馆饭店、办公室、仓库、车间和卧室等。可以说不当的吸烟行为也是这些场所存在的一种动态火灾隐患。

如何正确报火警

牢记火警电话：119！

拨通报警电话后首先要询问是不是火警119，当对方回答“是”时，可接着向对方报出火灾场所的有关情况，具体有以下几个方面：①火灾场所的名称；②火灾场所的具体地址；③火灾的性质，即火灾系因何种物质燃烧而发生；④报警所使用的电话号码。报警后应安排专人并佩有标志在火灾发生地附近的要道口等候，以引导消防车和消防人员的到来。

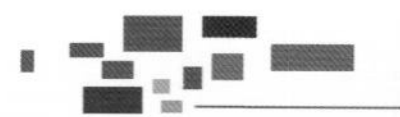

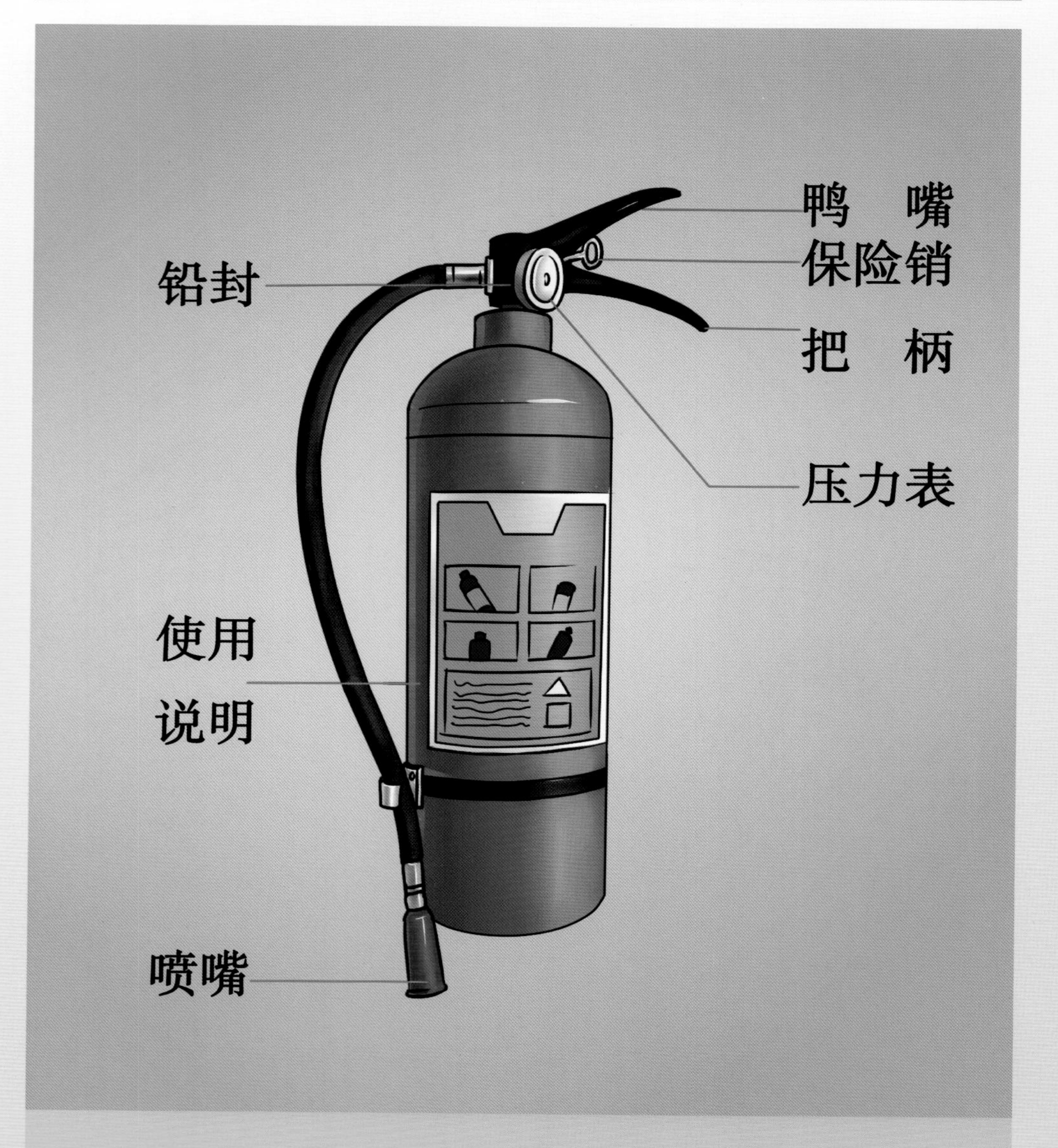

公共灭火器的使用年限为 8~10 年，每年需要进行一次瓶身检测，做 24 小时压力测验、更换药剂、减少喷射剩余率，保证灭火级别合格、有效。

使用公共灭火器时，应注意不能托底部，应托侧面。因为受潮时，铁罐容易生锈且干粉容易结块，一旦结块，干粉无法从喷出口喷出，巨大的压强会转而从底部焊接处（特别是生锈处）释放，手托底部就可能导致手指被炸伤。

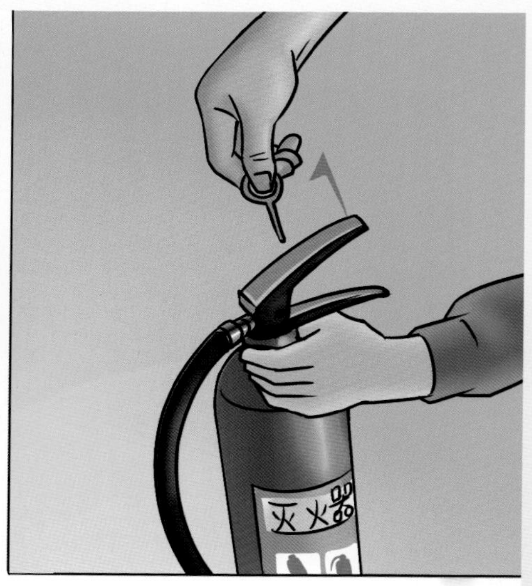

如何正确使用灭火器

以干粉灭火器为例，使用方法如下：①提：拿着把手将灭火器提起；②拔：拔去保险销；③瞄：在离起火点 1.5 米以上的侧后方瞄准起火点；④按：一手按住喷射装置，一手持喷嘴对准起火点喷射，且水平横向移动，使干粉包围、覆盖起火点。为保险起见，将火全部灭完再停止。灭火器使用一次后，30 分钟内压强全部消失，下次需重新增压装粉。

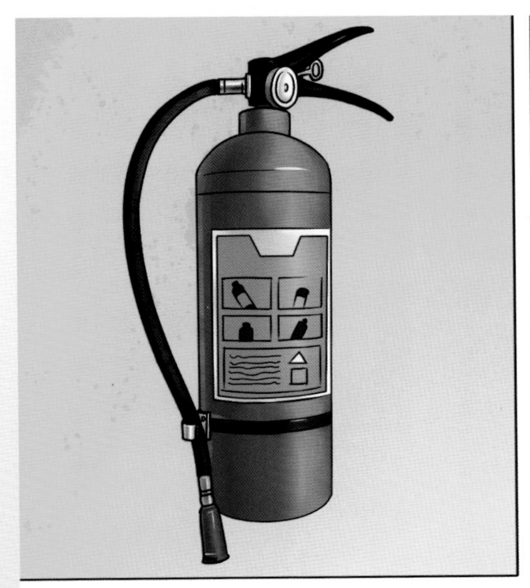

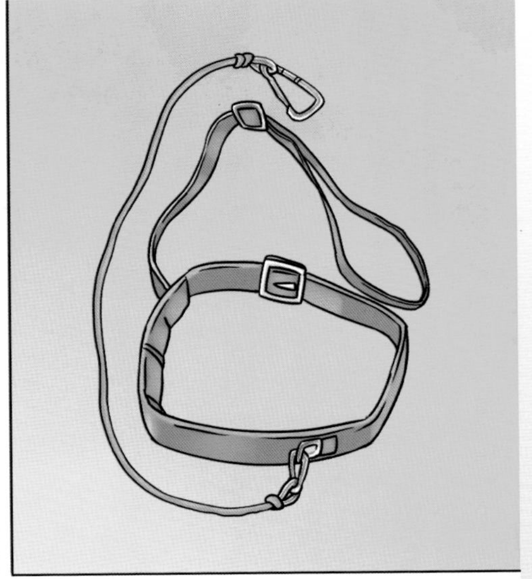

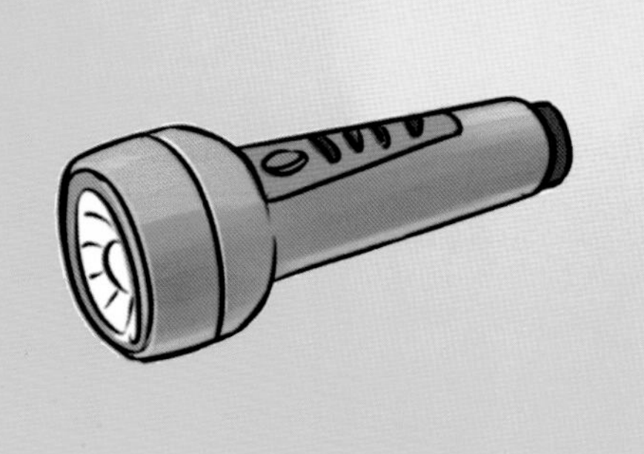

为了防范火魔侵害，摆脱灾难和痛苦，您不妨在家中备好四件“宝物”：

（1）家用灭火器：备好灭火器并能熟练操作它，扑灭任何星星之火。

（2）一根（保险）绳：一旦起火不能控制，就必须考虑逃生。

（3）一只手电筒：夜间或火灾停电时照出一条逃生之路。

（4）一个简易防烟面具：火场的烟雾是有毒的，许多丧生者都是被烟熏窒息而死的。防烟面具能抵御有毒烟雾的侵袭而让您死里逃生。

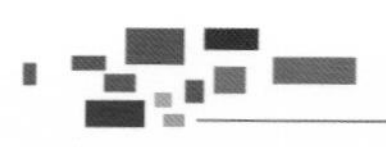

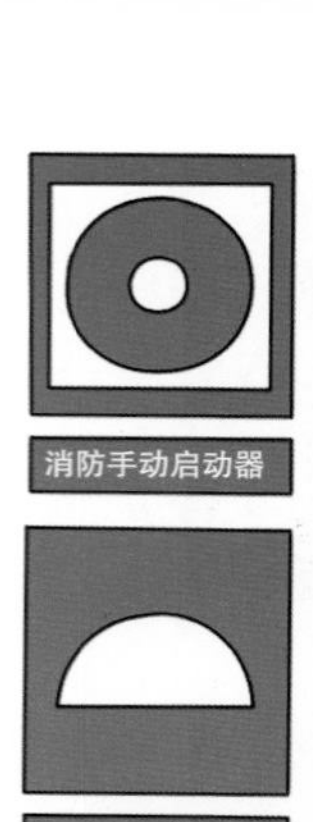
消防手动启动器
灭火设备

发声警报器

119
火警电话

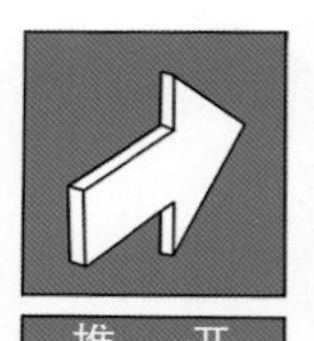
推 开

拉 开

手提式灭火器

消防水带

疏散通道方向L

疏散通道方向L

禁止烟火
禁止吸烟

禁止燃放鞭炮
当心爆炸物

当心氧化物

击碎板面

紧急出口

紧急出口

滑动开门

滑动开门

禁止带火种

逃生梯

当心易燃物

禁止锁闭

禁止用水灭火

常见消防图标

认识我们周边常见的消防标志。在平时，我们一定要严格遵守消防安全规则，不准用明火的地方坚决不用火，严防人为引起火灾。在火灾发生时，读懂安全标志，能指导我们顺利逃生。

普及消防知识，强调隐患险于明火，防患胜于救灾，责任重于泰山，才能真正做到人人防灾防火，家家平安快乐。

06检